农业农村废弃物资源化利用技术科普丛书

# 畜禽粪污
## 资源化利用技术

赵立欣　姚宗路　主编

中国农业出版社
北京

## 图书在版编目（CIP）数据

畜禽粪污资源化利用技术 ／ 赵立欣，姚宗路主编
．—北京：中国农业出版社，2022.12
（农业农村废弃物资源化利用技术科普丛书）
ISBN 978-7-109-30324-9

Ⅰ．①畜… Ⅱ．①赵…②姚… Ⅲ．①畜禽－粪便处
理－废物综合利用－研究 Ⅳ．① X713.05

中国版本图书馆 CIP 数据核字（2023）第 002470 号

中国农业出版社出版
地址：北京市朝阳区麦子店街18号楼
邮编：100125
责任编辑：陈 亭 刁乾超 文字编辑：吴丽婷
版式设计：李 文 责任校对：吴丽婷 责任印制：王 宏
印刷：北京通州皇家印刷厂
版次：2022年12月第1版
印次：2022年12月北京第1次印刷
发行：新华书店北京发行所
开本：889mm×1194mm 1/24
印张：$3\frac{1}{3}$
字数：64千字
定价：36.00元

# 编 委 会

主　　编　赵立欣　姚宗路

副 主 编　于佳动　罗　娟

参编人员　申瑞霞　马俊怡　霍丽丽　冯　晶

　　　　　赵亚男　安柯萌　黄　越　耿　涛

# 前　言

　　我国正处于全面推进乡村振兴和农业绿色低碳转型的关键时期，推进秸秆、畜禽粪污等农业废弃物资源化利用，对农业面源污染防治、种养循环和减排固碳具有重要意义。为普及农业废弃物资源化科学知识，推广典型技术模式，中国农业科学院农业环境与可持续发展研究所组织编写了农业农村废弃物资源化利用技术科普丛书。

　　《畜禽粪污资源化利用技术》作为丛书之一，以图文并茂、通俗易懂的方式，全面系统总结了我国畜禽养殖情况和畜禽粪污资源化利用方式，重点阐述了规模以下、规模以上养殖场粪污资源化利用技术，介绍了粪污高值利用技术及产品。全书知识全面、内容精炼、形象生动，具有较强的可读性、启发性和知识性，可为地方政府部门、养殖场户、企业和农村基层技术人员开展畜禽粪污资源化利用技术应用和工程建设管理提供有益借鉴。

　　书中难免存在疏漏和不当之处，有待今后进一步研究完善，也敬请广大读者和同行批评指正，并提出宝贵建议，便于我们及时修订。

编　者

2022 年 11 月

# 目 录

前言

# 一、综合篇

## 我国畜禽养殖情况

我国畜禽养殖以猪、牛、鸡为主。

2021年，我国生猪出栏量4.49亿头，奶牛存栏量1094.3万头，肉牛出栏量8004.4万头，蛋鸡存栏量11.59亿羽，肉鸡出栏量65.32亿羽。

生猪、奶牛、肉牛、蛋鸡、肉鸡规模以上养殖比例分别为62.0%、70.8%、20.4%、58.6%、76.6%。

出栏量4.49亿头
养殖规模化率62.0%

存栏量1094.3万头
养殖规模化率70.8%

出栏量8004.4万头
养殖规模化率20.4%

存栏量11.59亿羽
养殖规模化率58.6%

出栏量65.32亿羽
养殖规模化率76.6%

规模化养殖场

 出栏量≥500头
 存栏量≥100头
 出栏量≥200头
存栏量≥15000羽
 出栏量≥30000羽

我国主要畜种养殖量

# 每年产生的畜禽粪污量

　　畜禽粪污由鲜粪、尿液、冲洗水组成，我国畜禽粪污年产生量为30.5亿吨，从区域分布看，15个省份粪污产量超过1.0亿吨，河南、四川粪污产生量大，均超过2.5亿吨。

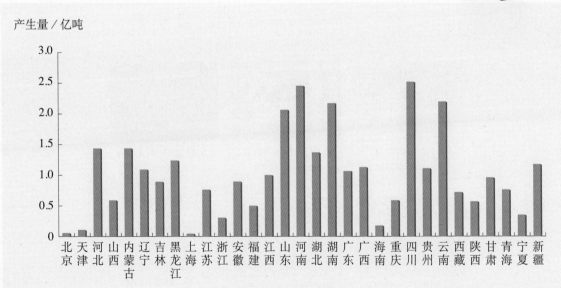

主要省份畜禽粪污产生量

数据来源：第二次全国污染源普查。

## 粪污产生量最大的畜种

猪粪污产生量最大，约15.5亿吨，约占畜禽粪污产生量的50.8%。

牛粪约10.1亿吨（奶牛粪污2.1亿吨、肉牛粪8.0亿吨），约占畜禽粪污产生量的33.1%。

鸡粪约4.5亿吨（蛋鸡粪1.1亿吨、肉鸡粪3.4亿吨），约占畜禽粪污产生量的14.8%。

主要畜禽粪污种类产生量

规模以上养殖各畜种粪污产生量

规模以下养殖各畜种粪污产生量

# 畜禽粪污所含成分

畜禽粪污含有丰富的氮、磷等养分和有机质。

从粪污总量上看，我国畜禽粪污含总氮1092.4万吨、总磷261.2万吨、有机质20313.8万吨。

从鲜粪成分上看，鸡粪有机质、养分含量高，其次是猪粪；奶牛粪和肉牛粪纤维素、半纤维素含量较高。

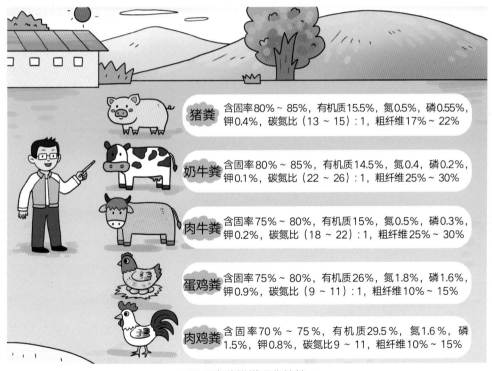

猪粪　含固率80%～85%，有机质15.5%，氮0.5%，磷0.55%，钾0.4%，碳氮比（13～15）:1，粗纤维17%～22%

奶牛粪　含固率80%～85%，有机质14.5%，氮0.4，磷0.2%，钾0.1%，碳氮比（22～26）:1，粗纤维25%～30%

肉牛粪　含固率75%～80%，有机质15%，氮0.5%，磷0.3%，钾0.2%，碳氮比（18～22）:1，粗纤维25%～30%

蛋鸡粪　含固率75%～80%，有机质26%，氮1.8%，磷1.6%，钾0.9%，碳氮比（9～11）:1，粗纤维10%～15%

肉鸡粪　含固率70%～75%，有机质29.5%，氮1.6%，磷1.5%，钾0.8%，碳氮比9～11，粗纤维10%～15%

不同畜种鲜粪理化特性

## 畜禽粪污直接排放带来的危害

（1）影响人畜健康：畜禽粪污中存在大量的有害微生物、致病菌、寄生虫及虫卵等，是传播疾病的病原体，主要通过土壤、水体、空气和农产品传播。典型的致病菌有大肠杆菌、沙门氏菌、李氏杆菌、马里克氏病病毒、蛔虫卵等。

（2）造成环境污染：畜禽粪污直接排放会对水体、土壤、大气、生物多样性等带来严重危害，造成面源污染，导致生态环境恶化。如水体富营养化、土壤板结、臭气及温室气体（甲烷、氧化亚氮）排放、生物多样性遭到破坏等。

## 小知识

　　2014年，中国农业活动温室气体排放约8.30亿吨二氧化碳当量，其中动物粪污管理排放1.38亿吨二氧化碳当量，占农业温室气体排放的16.70%。

　　从动物粪污管理气体排放的种类构成看，甲烷排放315.88万吨，氧化亚氮排放23.28万吨。

　　数据来源：《中华人民共和国气候变化第二次两年更新报告》。

## 畜禽粪污的资源化利用方法

"粪多则肥多，肥多则田沃，田沃则谷多"，畜禽粪污含有丰富的有机质和作物所需的各种营养元素，"弃则害、用则利"。

2016年，习近平总书记在中央财经领导小组第十四次会议中指出，"加快推进畜禽养殖废弃物处理和资源化，关系6亿多农村居民生产生活环境，关系农村能源革命，关系能不能不断改善土壤地力、治理好农业面源污染，是一件利国利民利长远的大好事"。

（1）规模以下养殖：以肥料化还田利用为主，实现粪污就地就近循环利用。

（2）规模以上养殖：粪污经过收集和运输，采用厌氧发酵、好氧堆肥等技术，集中生产清洁能源和有机肥产品，实现减污降碳和粪污资源化利用。

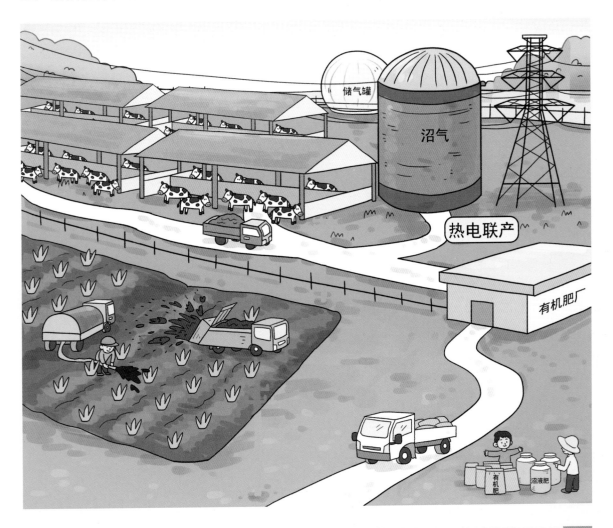

# 二、规模以下养殖粪污资源化利用篇

## 畜禽粪污利用技术

粪污主要来自畜禽养殖专业户或养殖散户，粪污产量较少且呈散点分布，粪污处理设施应轻简化，适合就地就近处理利用。

### 【主要技术】

就地堆沤、沼气发酵、氧化塘贮存、箱式堆肥、气肥联产等。

就地堆沤

沼气发酵

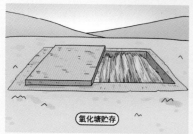

氧化塘贮存

箱式堆肥

气肥联产

# 堆沤技术

## 【技术简介】

将畜禽粪污与秸秆、枯枝落叶等按照一定的碳氮比和含水率混合后堆置，利用微生物自然发酵将有机成分分解，转化为有机肥料。

## 【技术要点】

含水率控制在45％～65％；补加秸秆等含碳量高的原料，将碳氮比调至（25～35）∶1；可适量加入石灰或石灰性土壤，保持中性或微碱性环境；堆内可每隔1～2米插通气管或少量秸秆，便于通气和调节水分。

## 【设施设备】

带顶棚的堆沤池。

插入通气管

秸秆、枯枝落叶等辅料

物料混合

## 【注意事项】

①沤肥期应不少于60天。
②宜选择向阳、地势较高、相对平坦的空地。
③堆体上可覆盖一层膜，做好防渗、防雨。
④注意环境通风。

# 沼气发酵技术

## 【技术简介】

沼气发酵技术是以畜禽粪污为主要原料，使用沼气池，在厌氧条件下利用各类微生物分解有机物，使之转化为沼气的过程。

## 【技术要点】

**及时进出料** 做到按时加料、出料，先出后进、出多少进多少，固体含量不宜过低，含固率通常在4%左右；低温季节不宜进行大出大进换料；防止农药、杀菌剂、洗涤剂等物质混入。

**定期搅拌** 沼气池使用2～3个月后，及时进行循环搅拌，每次搅拌不低于30分钟。

**监测pH** 经常测定和调节池内物料pH，始终保持在6.5～7.5。

**经常检查** 发现沼气池破裂、漏水、漏气，及时修复；经常检查管道、气压表等易损件有无损坏，及时更换，注意安全。

沼气

进料口　贮气间　导气管　活动盖　出料口　水压间

发酵间

## 【注意事项】

①沼气池进出料口、水压间、池拱天窗等要加盖，防止人畜跌落。

②沼气池旁严禁使用明火，不能放置易燃、易爆物品。

③试火、点火需在灶具上进行，必须先点火后开气，禁止在出料口或导气管口试火或点火。

④沼气使用前应脱除硫化氢，须在通风条件下使用，且有人看管。

⑤下池维护须有专业人员现场指导。若有人被困在沼气池内，严禁擅自入池施救，应立即拨打救援电话。

**【典型案例】**

重庆市垫江县桂阳街道黎明村户用沼气：全村几乎每家都有户用沼气池，正常使用率超过90%。每户沼气池容积8立方米，年产沼气约300立方米，可满足3～5口家庭全年生活用能。沼液、沼渣作为蔬菜、果树等农作物的有机肥，可有效减少化肥和农药使用量。

# 氧化塘贮存技术

## 【技术简介】

液态粪污贮存过程中，依靠微生物降解粪污中的有机物和有害物质，贮存一定时间后，作为液体肥料还田施用，南方地区规模以下或养殖户采用该技术较多，氧化塘可为敞口式或覆盖式。

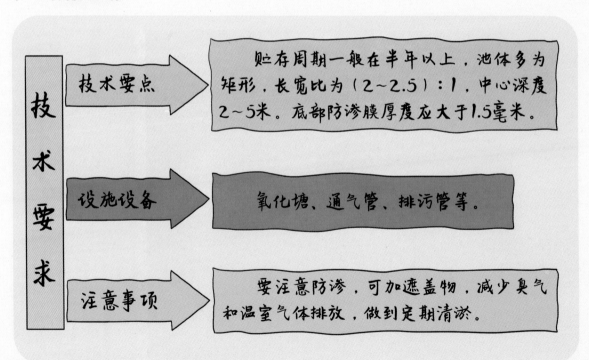

技术要求

技术要点 → 贮存周期一般在半年以上，池体多为矩形，长宽比为（2~2.5）：1，中心深度2~5米。底部防渗膜厚度应大于1.5毫米。

设施设备 → 氧化塘、通气管、排污管等。

注意事项 → 要注意防渗，可加遮盖物，减少臭气和温室气体排放，做到定期清淤。

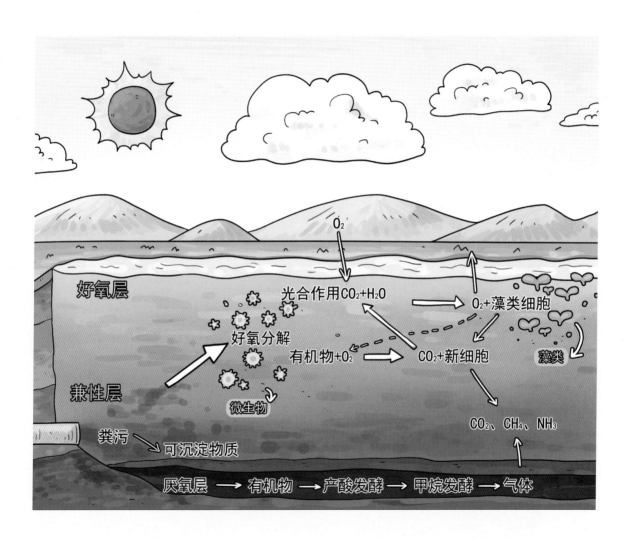

## 【典型案例】

江苏省淮安市淮安区苏嘴镇大胡村氧化塘：该村的6个养殖户，每户年出栏450头生猪，联合建设了20亩防渗氧化塘用于处理粪污。氧化塘有效水深0.8米，在塘面上用浮床种植水芹菜，每隔2周将养殖场贮存池的粪污与鱼塘水按1：（2～4）混合后灌入氧化塘，为水芹菜的生长提供养分，每次添加前后氧化塘中水体氨氮含量从206.33毫克/升降至107.25毫克/升，重铬酸盐指数（$COD_{cr}$）含量从3742毫克/升降至83.78毫克/升，同时利用氧化塘塘面和水芹菜的蒸发作用，氧化塘水不外排。氧化塘种植水芹菜年产6万多斤，既解决了养殖户的环保问题，又为其增加了收益。

# 箱式堆肥技术

## 【技术简介】

将畜禽粪污与秸秆等废弃物按照一定的含水率和碳氮比混合均匀后，放入小型堆肥箱内进行好氧发酵，可曝气促进腐熟。腐熟后的肥料可还田利用或用作栽培基质。

## 【技术要点】

①物料混配含水率控制在50%～60%，碳氮比调节至（25～35）：1。反应器堆肥可加装曝气泵促进腐熟，每立方米反应器的通气量控制在10立方米左右，每天集中曝气2～3次，每次20～30分钟，发酵周期约为10天。

②堆肥箱容积一般为0.5～3立方米，可设计成立式圆筒或长方体箱式，可一次进料批次发酵，也可每天进料连续发酵，其中，连续式每天进料量不超过反应器容积的10%，上进料、下出料，为提高发酵效率，可安装搅拌装置。

## 【注意事项】

堆肥箱做好防腐处理，应注意渗滤液的收集，控制能耗。

堆肥箱

秸秆等辅料

# 气肥联产技术

## 【技术简介】

使用多个小型反应器，按照一定间隔时间批次启动。单个反应器启动时，先用加装好的曝气泵对混合原料进行微曝气，使物料快速升温并促进原料分解，再进行厌氧发酵产沼气，沼渣经10～15天发酵后可生产有机肥。通过批次启动运行反应器，可实现沼气和有机肥的稳定联产。

## 【技术要点】

畜禽粪污常与秸秆、果木剪枝等废弃物混合，调节含固率在20%以上，碳氮比控制在（15～40）：1，一般无需加热。

微曝气量控制在每立方米反应器通入1～2立方米空气，每天曝气4～6次，每次10分钟，物料温度升高到35～42℃时停止曝气，开始厌氧发酵。

发酵周期为30～40天，其中，物料升温阶段2～3天，厌氧发酵18～22天，好氧发酵10～15天。

反应器容积通常为1～3立方米，根据要处理的畜禽粪污量确定反应器个数。

厌氧发酵阶段可在反应器内安装沼液喷淋装置，每天为固体物料喷淋2～3次以调节水分，促进反应进程，产气量下降至产气高峰的约一半时，关闭沼气收集管道，按照箱式堆肥方法向反应器大量曝气，生产有机肥。

## 【设施设备】

气肥联产发酵箱、储气装置、喷淋装置、自动控制箱。

【注意事项】

①定期检查发酵装置的气密性，防止沼气泄露。

②沼渣腐熟后再还田。

## 【典型案例】

　　河北三河百宏奶牛养殖场小型气肥联产装备：发酵装置由6套1立方米的反应器并联组成。日处理奶牛粪污约2400公斤、秸秆300公斤。在无外源加热条件下发酵原料2天升温至42℃以上，厌氧发酵容积产气率稳定在每天1.2立方米，日产有机肥900公斤。

# 三、规模以上养殖粪污资源化利用篇

## 畜禽粪污收集利用技术

规模化畜禽养殖场粪污产生量大且集中。

### 【收集技术】

主要有干清粪、水泡粪、水冲粪等。

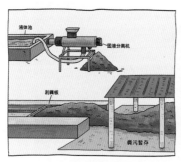

干清粪

水泡粪

水冲粪

目前养殖场提倡干清粪收集，即粪污干湿分离、分别收集，或干清粪收集后，用少量水冲洗粪道。

未经干湿分离就直接用水冲粪的方式，由于耗水量大，粪污量剧增，后端难处理，不推荐使用。

**【利用技术】**

主要有好氧发酵、厌氧发酵及粪污贮存还田技术等。

干清粪一般采用好氧发酵生产有机肥，水泡粪或水冲粪采用厌氧发酵技术或贮存还田技术。

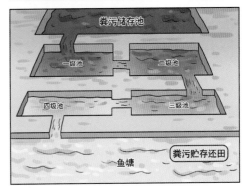

# 干清粪收运技术

## 【粪污收集技术】

### 1.铲式清粪技术

技术简介：用清粪铲车清粪，或者购买专用清粪车辆清粪，具有操作方便、清粪效率高等优点。

注意事项：清粪时，畜禽需撤出圈舍或粪道。操作过程中防止畜禽受到惊吓。

适用范围：铲车等清粪设施可自由进入的规模化奶牛、肉牛和生猪养殖场。

## 2.刮板清粪技术

技术简介：主要由刮粪板和动力装置组成。清粪时，动力装置通过链条带动刮粪板沿地面前行，刮粪板将地面上的粪污推至集粪沟中收集，具有操作方便、人工投入少、控制灵活、噪声低等优点。

注意事项：使用前应检查减速机润滑油箱，严禁无油开机。定期检查及维护刮粪板及传动部件，延长使用寿命。

适用范围：大型规模化奶牛养殖场。

### 3.集粪槽/集粪带收集技术

技术简介：粪污直接落到集粪槽或集粪带上，由刮板或传送带定期集中收集，具有操作简单、自动化程度高的优点。

注意事项：鸡粪腐蚀性较强，需对设施设备进行防腐处理。

适用范围：规模化蛋鸡、肉鸡养殖场。

传送带

## 【运输技术】

### 1. 车辆运输技术

技术简介：由专用运输车辆将粪污运送至指定粪污处理场所。

注意事项：防止运输过程中漏液、粪污洒落，运输车辆应做好防渗、防腐处理，长距离运输应加盖；粪污运输车进入养殖场前应做好防疫措施，点对点运送至粪污集中处理中心，避免同时运输多个养殖场的粪污。

## 2.传送带运输技术

技术简介：粪污由传送带运输至粪污处理设施。

注意事项：适合短距离运输，通常以低于500米为宜。

# 水泡粪收运技术

## 【收集技术】

### 漏缝地板清粪技术

技术简介：粪尿和冲洗水经漏缝地板排放到地下的粪污贮存池中，贮存时间不少于3个月，结合动物养殖时间和作物施肥需求，适时排出粪污。

技术要点：漏缝地板可选择水泥混凝土、铸铁、塑料等材质，一般为网格状或条状。

注意事项：需定期清洁地板，防止蚊虫及病菌滋生。畜禽舍需注意防风、保暖，防止粪沟阴风侵袭引发疾病。

适用范围：规模化生猪养殖场。

## 【运输技术】

### 1.粪沟 / 管道运输技术

技术简介：水泡粪收集后，通过地下暗沟或管道，用污水泵输送到粪污处理设施。这种方式粪污运输量大、节省人力，是运输水泡粪最常用的技术。

注意事项：结合粪污处理工艺，定时、定量运输粪污。定期清理粪沟、疏通管道，不适合运输固体含量超过8%的粪污，容易堵塞。

适用范围：适合规模化奶牛、生猪养殖场，且粪污处理设施距离圈舍较近，一般低于2公里。

## 2.罐车运输技术

技术简介：将粪污抽吸入罐车后运送至粪污处理设施，罐车有拖拉机牵引式、机动车载式。具有运输效率高、不易发生二次污染等特点。

注意事项：粪污填装量控制在罐车容积的80％，运输过程需要密封。天热较长距离运输时，应注意排气。进入罐车的粪污固体含量应在8％以内。

适宜范围：规模化生猪、奶牛养殖场，且粪污处理设施距离圈舍较远，一般超过2公里。

## 好氧发酵技术

技术简介：在氧气（空气）充足的条件下，畜禽粪污中的微生物分解有机质，腐熟形成有机肥料的过程，就是常说的堆肥。堆肥的整个过程可分为升温、高温、降温、腐熟4个阶段。

工艺类型：条垛式堆肥、槽式堆肥、反应器堆肥、膜堆肥等。

共性参数：

①混合物料：含水率为45%～65%，碳氮比为（20～40）：1，原料粒径一般不超过5厘米。

②发酵过程：pH为5.5～9.0，堆体内部氧气浓度宜不小于5%，曝气量宜为每分钟0.05～0.2立方米（以每立方米物料为基准）。

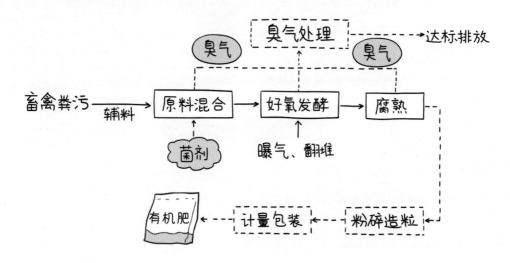

## 【条垛式堆肥技术】

工艺介绍：将畜禽粪污及秸秆、稻壳、木屑、果木剪枝等按照要求充分混合，堆制成条垛，在好氧条件下分解。这是一种常见的好氧发酵技术。

技术要点：堆肥周期一般为35～40天。堆制后2～3天料堆温度升至55℃以上，温度上升到70℃以上时进行辅助翻堆降温，整个堆肥周期一般需要翻堆3～4次。

设施设备：铲车或翻抛机。

注意事项：堆肥过程应通过自然、被动、强制通风供氧等方式提高堆肥腐熟效率，同时做好防雨、地面防渗、防尘及通风工作。

适用范围：适用于土地相对充裕、远离居民区、固定投资少的中小型规模化养殖场。

**典型案例**

江苏省盐城市乾宝牧业湖羊养殖基地：采用条垛式堆肥工艺，主要原料为羊粪，与农作物秸秆等农业废弃物进行配比混合，条垛一般在1.5米以下，宽2米左右，发酵周期不少于1个月，堆肥过程中使用翻抛机翻堆，地面做防渗处理，年处理粪便约10万吨、农作物秸秆约3万吨，生产商品有机肥5万吨，产品广泛用于瓜果、蔬菜、茶叶、中药材等绿色有机农产品种植。

## 【纳米膜堆肥技术】

工艺介绍：在堆体上覆盖纳米膜，形成一个密闭的发酵工厂，通过通风供氧曝气、添加微生物菌剂等手段，降低物料含水率，缩短堆肥周期，控制堆体内氨气的挥发，防止畜禽粪污臭味扩散，是一种高效的堆肥技术工艺。

技术要点：堆肥周期一般为20～30天，其间可向膜内间歇曝气，也可每7～10天卷膜翻堆1次，堆肥周期可缩短3～5天。

设施设备：纳米膜、卷膜机、变频供风系统。

注意事项：纳米膜需防雨、防渗、防腐，地面进行防渗处理。膜要定期检查有无破损。

适用范围：适用于人工投入，基础建设及设备投资较少的规模化养殖场。

**典型案例**

安徽省宿州市埇桥区褚兰镇某纳米膜堆肥场：该堆肥场以鸡粪为原料，年处理粪便3600吨，建有3个纳米膜堆体，发酵周期为15天，每个处理周期能处理210吨左右的鸡粪，年产有机肥约1300吨。

## 【槽式堆肥技术】

工艺介绍：在槽形通道内堆肥，槽壁上方铺设轨道，在轨道上安装翻堆机，可使物料自下而上翻滚，原料从入料口移动到出料口的过程就是发酵、腐熟的过程。槽的底部铺有曝气管道，可实现通风曝气，提高腐熟效率。

技术要点：一般为连续式发酵，每天出料1次，发酵周期一般为20～30天，其间翻堆7～8次。

设施设备：由发酵槽、翻抛机、通风装置组成。翻抛机可分为链板式、螺旋式和拨齿式等。

注意事项：槽体需做防渗、防腐处理，通过工艺调节控制臭气排放。

适用范围：大型规模化养殖场或粪污集中处理中心。

**典型案例**

山东省阳谷县新凤祥肉鸡规模化养殖场粪污处理中心：年处理粪污50万吨，建有10个发酵槽，每个发酵槽长120米、宽17米、深3米。鸡粪配备稻壳等辅料，调节到合适的碳氮比，物料在微生物的作用下快速升温到55℃以上，温度升到70℃以上时进行辅助翻堆降温，在常温下进一步腐熟，制备商品有机肥，年产商品有机肥30万吨。

## 【反应器堆肥工艺】

工艺介绍：利用大型发酵反应器精确控制堆肥过程中的温度、含水率等参数，发酵效率高、腐熟彻底、过程可控。

技术要点：一般为连续式发酵，每天进出料1次，发酵周期为7～15天，每天搅拌1～2次，混匀物料。

设施设备：主要为堆肥反应器、通风供氧设备、除臭设备等。其中，反应器分为筒仓式、滚筒式和塔式等类型。

①筒仓式堆肥反应器：物料按照一定的停留时间从反应器上部进入，在发酵过程搅拌，由下部出料。

②滚筒式堆肥反应器：将水平滚筒安装在支座上，利用机械传动轴或抄板装置推动物料实现发酵。

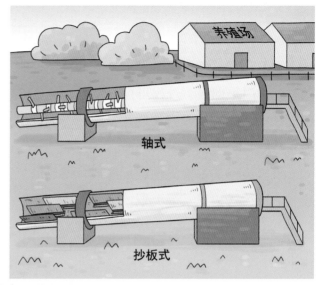

轴式

抄板式

翻板

③塔式堆肥反应器：反应器内部为多层翻板结构，每层都设有通风曝气设备，物料按照一定的停留时间自上而下翻动，直至出料。

注意事项：搅拌装置、通风曝气、翻板、监测探头等需定期维护，为反应器做好防腐、防渗处理，臭气要回收处理。

适用范围：大型规模化养殖场和粪污集中处理中心。

**典型案例**

内蒙古自治区乌兰察布察哈尔右翼中旗畜禽粪污资源化利用整县推进粪污处理中心：以牛粪、鸡粪、猪粪为原料，采用筒仓式反应器发酵，在微生物作用下，物料1～2天升温到55℃以上，70℃发酵持续8～9天，常温腐熟后加工成有机肥，总发酵周期可控制在15天以内。该中心年处理粪污30万吨，可加工有机肥15万吨，发酵装置全封闭，发酵过程中喷淋除臭剂，实现臭气原位消减，无需建设发酵车间和尾气处理设施，处理效率高，占地面积小，综合投资性价比高。

## 【后处理及利用】

好氧发酵后的物料经腐熟、造粒等工序制备成商品有机肥，未达到商品有机肥养分指标的有机粪肥可就地就近利用。

### 1. 腐熟

腐熟指有机物分解转化成有效肥分和腐殖质的过程，是好氧发酵的重要阶段之一，腐熟后的物料才能作为商品有机肥销售或作为有机粪肥还田利用。

### 2. 筛分/造粒加工商品有机肥

商品有机肥有粉状、颗粒状等，腐熟后的肥料经粉碎、搅拌、烘干、筛分、加工成粉状有机肥，经造粒加工成颗粒有机肥。

**商品有机肥技术指标**

| 项目 | 指标 |
| --- | --- |
| 有机质的质量分数（以烘干基计）/ % | ≥30 |
| 总养分（$N+P_2O_5+K_2O$）的质量分数（以烘干基计）/ % | ≥4.0 |
| 水分（鲜样）的质量分数 / % | ≤30 |
| 酸碱度（pH） | 5.5 ~ 8.5 |
| 种子发芽指数（GI）/ % | ≥70 |
| 机械杂质的质量分数 / % | ≤0.5 |

**商品有机肥限量指标**

| 项目 | 指标 |
| --- | --- |
| 总砷（As）/（毫克/千克） | ≤15 |
| 总汞（Hg）/（毫克/千克） | ≤2 |

| 项目 | 指标 |
|---|---|
| 总铅（Pb）/（毫克/千克） | ≤50 |
| 总镉（Cd）/（毫克/千克） | ≤3 |
| 总铬（Cr）/（毫克/千克） | ≤150 |
| 粪大肠菌群数/（个/克） | ≤100 |
| 蛔虫卵死亡率/% | ≤95 |
| 氯离子含量/% | — |
| 杂草种子活性/（株/千克） | — |

数据来源：《有机肥料》（NY 525—2021）。

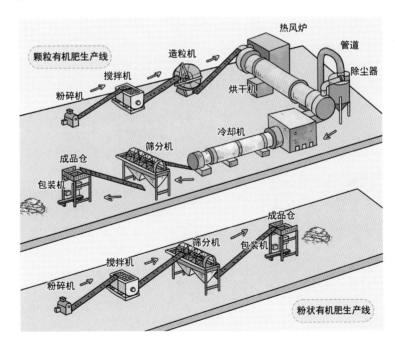

### 3.就地就近还田利用

施用方法包括撒施、条施（沟施）、穴施和环状施肥（轮状施肥）等。腐熟后的有机粪肥达到卫生学和重金属含量指标，可就地就近作为基肥还田利用。

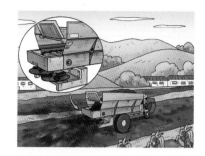

**粪污好氧发酵处理卫生学指标**

| 项目 | 卫生学要求 |
| --- | --- |
| 蛔虫卵 | 死亡率≥95% |
| 粪大肠菌群数 | ≤$10^5$个/千克 |
| 苍蝇 | 堆体周围不应有活的蛆、蛹或新羽化的成蝇 |

数据来源：《畜禽粪污无害化处理技术规范》（GB/T 36195—2018）。

**制作有机粪肥的畜禽粪便中重金属含量限值（干粪含量）**

| 项目 | | 土壤pH | | |
| --- | --- | --- | --- | --- |
| | | < 6.5 | 6.5 ~ 7.5 | < 7.5 |
| 砷 | 旱田作物 | 50 | 50 | 50 |
| | 水稻 | 50 | 50 | 50 |
| | 果树 | 50 | 50 | 50 |
| | 蔬菜 | 30 | 30 | 30 |
| 铜 | 旱田作物 | 300 | 600 | 600 |
| | 水稻 | 150 | 300 | 300 |
| | 果树 | 400 | 800 | 800 |
| | 蔬菜 | 85 | 170 | 170 |
| 锌 | 旱田作物 | 2000 | 2700 | 3400 |
| | 水稻 | 900 | 1200 | 1500 |
| | 果树 | 1200 | 1700 | 2000 |
| | 蔬菜 | 500 | 700 | 900 |

数据来源：《畜禽粪便还田技术规范》（GB/T 25246—2010）。

# 厌氧发酵技术

技术简介：在无氧环境下，有机废弃物通过微生物作用转化为沼气的过程，包括水解、酸化、乙酸化和产甲烷4个阶段。影响厌氧发酵的关键参数包括发酵温度、原料碳氮比、接种比和pH等。

工艺类型：厌氧发酵可分为中温发酵（35～42℃）和高温发酵（50～55℃），按照进料含固率分为湿法厌氧发酵工艺和干法厌氧发酵工艺，其中，湿法厌氧发酵工艺有全混式、升流式、塞流式等，干法厌氧发酵工艺通常分为序批式和连续式。

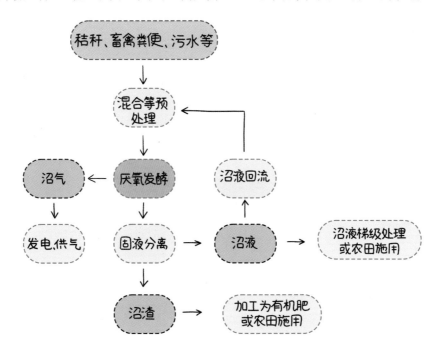

## 【全混式厌氧发酵工艺】

工艺介绍：是发酵原料和微生物处于完全混合状态的厌氧处理工艺。利用搅拌装置将物料和微生物完全混合，提高产沼气效率，是现阶段农村沼气工程最常用的发酵工艺。

技术要点：原料含固率≤12%，水力停留时间一般为15～30天。

设施设备：进料、搅拌、固液分离、净化、提纯设备和厌氧发酵罐等。

注意事项：发酵原料需优化碳氮比，发酵过程中充分搅拌，防止混合物料结壳、漂浮。

适用范围：适合处理干湿混合的粪污。

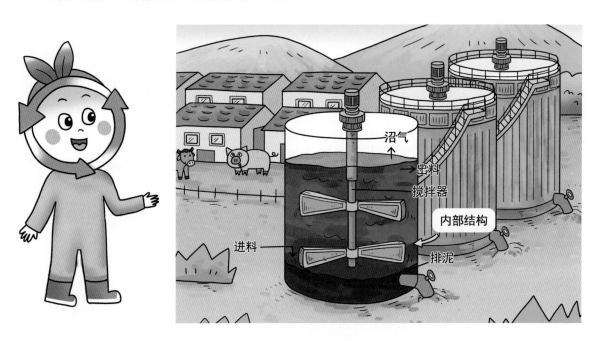

**典型案例**

河北省安平县猪粪沼气工程：该工程共建设4座5000立方米的厌氧发酵罐，采用中温全混式发酵工艺，配套2×1兆瓦发电机组，年处理25万吨猪粪，年产沼气657万立方米、发电1512万千瓦时、商品有机肥3万吨。沼气发电上网，有机肥部分销售至附近县（市）作为蔬菜、水果等的肥料，形成了"气、电、热、肥"联产的发展模式，促进种养循环，具有良好的经济、环境和社会效益。

## 【升流式固体床厌氧发酵工艺】

**工艺介绍**：原料从发酵装置底部配水系统进入，依靠进料和产气的上升动力，按一定的速度向上流经含有高浓度厌氧微生物的污泥床时，使原料和微生物充分接触，产生沼气。

**技术要点**：总固体含量不宜超过5%，发酵过程的水力停留时间为10～15天，固体和微生物停留时间多于水力停留时间。

**设施设备**：进料布水管。

**注意事项**：发酵装置内不设搅拌装置，要保持厌氧颗粒的污泥活性，注意调控进料负荷。

**适用范围**：适合处理干粪清理收集后的冲洗水。

**典型案例**

北京市大兴区留民营沼气工程：该工程共建设2座800立方米的升流式固体床厌氧发酵装置，进料含固率为4%，日处理粪污98吨，年产沼气约33万立方米，一部分为周边7个村提供生活用能，一部分经提纯净化，生产生物天然气销售给附近的企业。沼渣、沼液经处理后，作为周边农户种植用的肥料。

## 【塞流式厌氧发酵工艺】

工艺介绍：是一种非完全混合式发酵工艺，粪水从一端进入，从另一端排出，实现粪污高效转化为沼气。反应器呈长方形，结构简单，运行能耗低。

技术要点：原料含固率为5%～10%，发酵装置内设置挡板，中温发酵（38℃），水力停留时间一般为15～30天。

设施设备：塞流式厌氧反应池、潜水搅拌机。

注意事项：避免因进料含固率过低而料液分层，建议控制在8%左右。

适用范围：适合处理干湿混合的粪污。

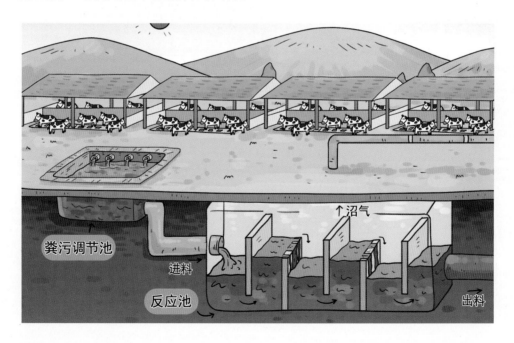

**典型案例**

河北省鹿泉区君乐宝优致牧场沼气工程：2015年投入运行，反应器容积12000立方米，池体为长方形，单池长80米、宽25米、深3米，包括钢筋混凝土塞流式厌氧发酵反应器2座，配有调节池、进料池、预热池、出料池及双模储气柜1套。日处理粪污300吨，日产沼气6000立方米、沼液260吨、沼渣40吨。

## 【序批式厌氧干发酵工艺】

工艺介绍：多个批次发酵装置并联，按照一定的时间间隔启动，进料含固率一般大于25%。原料经预处理和混配后，通过铲车进料，发酵装置配有喷淋设备。具有容积产气率高、沼液排放量少等特点。

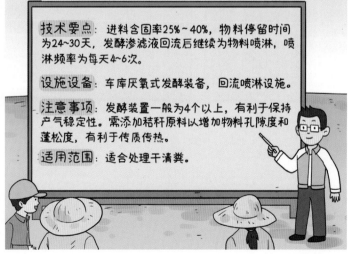

技术要点：进料含固率25%~40%，物料停留时间为24~30天，发酵渗滤液回流后继续为物料喷淋，喷淋频率为每天4~6次。

设施设备：车库厌氧式发酵装备，回流喷淋设施。

注意事项：发酵装置一般为4个以上，有利于保持产气稳定性。需添加秸秆原料以增加物料孔隙度和蓬松度，有利于传质传热。

适用范围：适合处理干清粪。

**典型案例**

河北省张家口市沃丰大型沼气工程：采用序批式厌氧干发酵工艺和全混式厌氧发酵工艺耦合的方式处理畜禽粪污。干发酵单元由4个带有喷淋设备的车库式发酵仓并联，每个仓的容积为400立方米。运行时，发酵仓序批次启动，按照每天4～6次的喷淋频率为物料喷淋，渗滤液经管道泵送至全混式厌氧发酵装置，再由全混式厌氧发酵装置中上清液返回为干发酵仓喷淋，实现循环。发酵周期为32天，日产沼气约1500立方米。

## 【横推流式厌氧干发酵工艺】

工艺介绍：采用卧式发酵装置，畜禽粪污、秸秆等物料从装置的一端进料，在安装的水平方向搅拌装置作用下，使微生物与原料充分接触，并横向缓慢移动，从装置的另一端推流出料。具有产气率高、几乎不产生沼液等优点，但运行能耗较高。

技术要点：原料含固率为15%～25%，停留时间为20～30天。

设施设备：横推流搅拌设备。

注意事项：原料应与沼渣充分混合后进料，沼渣接入量不低于原料重量的40%。日常注意维护搅拌轴，定期进行防腐处理。

适用范围：处理干清粪。

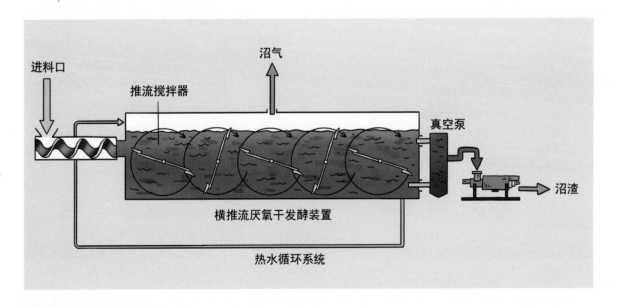

横推流厌氧干发酵装置

**典型案例**

河北省临漳县厌氧干发酵沼气工程：采用横推流式厌氧干发酵装置，在中温条件下发酵，发酵装置内的物料含固率约为15%，年处理10万吨秸秆与畜禽粪污混合原料，可生产天然气850万立方米、固体有机肥2.5万吨、液体有机肥1万吨。

## 贮存还田技术

技术简介：粪污在贮存池里降解，贮存60～90天后直接还田。分为覆盖式氧化塘、密闭式氧化塘和粪水酸化等工艺。

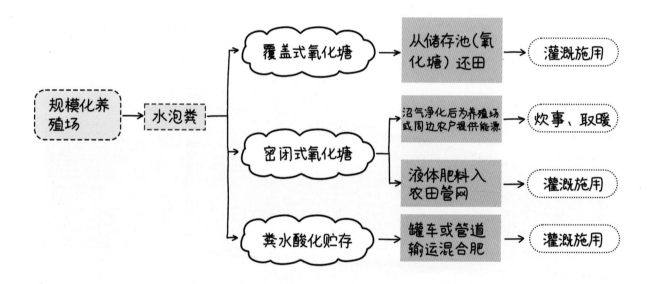

## 【覆盖式氧化塘工艺】

**工艺介绍**：固液分离后的液体粪污进入氧化塘贮存。为减少水分蒸发和臭气扩散，可在氧化塘表面覆盖一层稻草或种植水生植物。一般设3～4级氧化塘，经无害化处理后还田。

**技术要点**：粪污贮存时间为60～90天，一般设计为矩形，长宽比为（2～2.5）：1，深3～5米。底部防渗膜厚度大于1.0毫米。

**设施设备**：曝气泵、清淤泵，有条件的可配备搅拌设备。

**注意事项**：占地面积较大，粪污贮存要保证天数，氧化塘需进行防渗处理。

**适用范围**：周边农田面积较大的规模化生猪、奶牛养殖场。

**典型案例**

湖南省宁乡市花猪生态养殖文化园：生猪存栏量8万余头，猪粪经厌氧发酵处理后，再进入七级氧化塘。氧化塘所在地势有一定落差，池底铺设防渗膜，第一级塘面覆盖干稻草，第二至第四级种植狐尾藻，第五至第七级种植西洋菜、水芹菜、空心菜等，通过过滤、吸附、沉淀、离子交换、植物吸收和微生物分解来实现粪污的高效净化。

## 【密闭式氧化塘工艺】

工艺介绍：氧化塘的顶部用膜覆盖，粪污在全封闭的厌氧环境下贮存。

技术要点：膜的厚度在1.5毫米以上，四周压实。

设施设备：密封膜分黑膜、塑料薄膜、土工布等。

注意事项：做好防渗工作，及时排气，每半年排渣1次，如遇产气量下降、出水变黑等情况，也需进行排渣处理；应设有明显的安全警示牌，并做好防火等安全措施。

适用范围：规模化生猪养殖场。

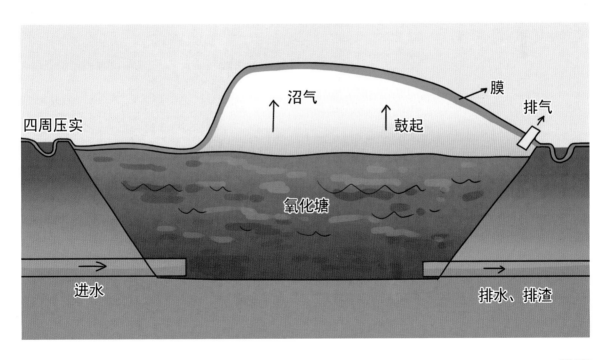

**典型案例**

四川省邛崃市牧原生猪养殖场粪污处理覆膜式氧化塘：该猪场采用密闭式氧化塘工艺处理粪污，容积7000立方米，可满足每年约5000吨粪污处理的需要。氧化塘压实系数95%，坝坡比1∶2，塘体总深度约4米，铺设2层高密度聚乙烯膜，膜厚度为1.5毫米，底膜和顶膜之间存储沼气，并进行安全燃烧处理，确保氧化塘正常运行。

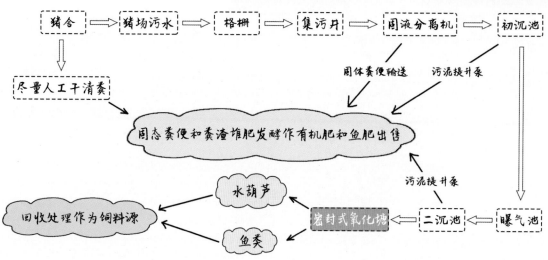

## 【粪水酸化工艺】

工艺介绍：粪水贮存过程中添加酸化剂，调节粪水pH至5.5～6.0，通过酸碱中和作用抑制粪水中有机物的分解，降低氨气排放，减少氮素损失，是一种较为环保的贮存还田技术。

技术要点：向粪污中添加各类酸化剂，使pH降至5.5～6.0。

常用酸化剂类型：浓硫酸、明矾和过磷酸钙。

注意事项：粪水pH下降过程中要注意控制硫化氢等有害气体的排放；使用强酸时注意安全。

适用范围：中小型规模化养殖场。

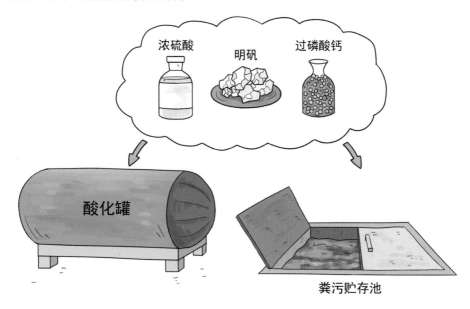

浓硫酸　明矾　过磷酸钙

酸化罐

粪污贮存池

**典型案例**

丹麦维堡市规模化猪场粪水酸化系统：该系统使用96%的工业硫酸与水泡粪或粪水混合，使粪浆的pH降至5.5左右，可以减少氨气排放量70%以上，且经过酸化的粪水可以回用于冲栏，粪污经酸化后进入贮存池。

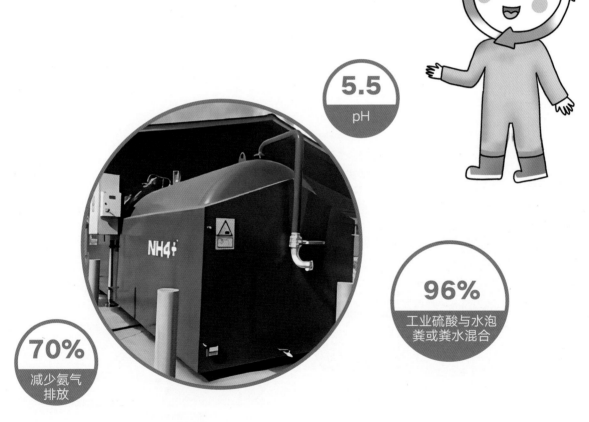

5.5
pH

96%
工业硫酸与水泡粪或粪水混合

70%
减少氨气排放

# 四、高值利用篇

## 畜禽粪污高值利用技术

畜禽粪污除了用于生产能源、肥料之外，还可通过化学催化、微生物合成等方式生产具有更高价值的产品，如平台化合物、氢气、碳基材料、生物油等。

## 厌氧发酵制备中链脂肪酸

**技术简介：** 畜禽粪污经厌氧发酵生产乙酸等短链脂肪酸或乙醇，再利用特定功能的微生物，使之转化、合成为价值更高的中链脂肪酸，如己酸、庚酸、辛酸等，是基于生物化学转化的高值利用技术。

**产品价值：** 以己酸为例，可加工为农业领域使用的饲料添加剂、生物抑菌剂等，价格为每吨2.5万~3.0万元。

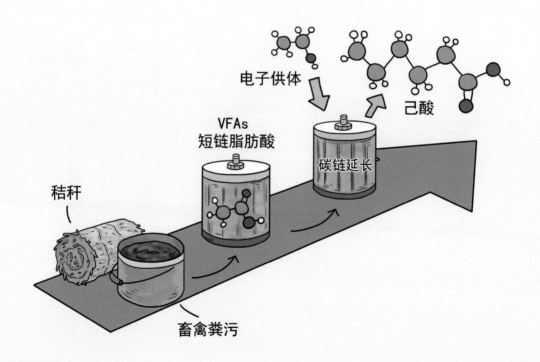

## 厌氧发酵制备氢气

技术简介：畜禽粪污等有机物通过异养型厌氧细菌的作用，经水解、糖化、产酸产氢等阶段产生氢气，通常在pH为4.5左右的酸性环境中发酵。

产品价值：过程清洁，可用作车用燃料，市场价格每吨约3.5万元。

# 水热液化制备高值能源产品

技术简介：利用水热液化技术制备生物原油，经加氢提质后可用作航空燃油；还可采用水热炭化技术制备生物炭，经活化改性，并进行负载、压片等制备储能材料。

产品价值：生物原油热值高，每千克约为40兆焦耳，市场应用潜力巨大；生物炭电极比表面积大，导电官能团均匀、丰富，市场价格为每吨2000～3000元。

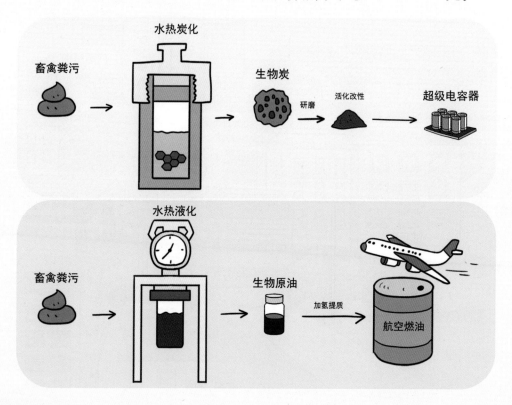

# 好氧发酵制备营养基质土

**技术简介：**畜禽粪污与农作物秸秆、菇渣、草炭、锯末等按照一定的配比混合进行好氧发酵，发酵过程中加入微量元素、酸碱调节剂等，可制备出全营养型栽培基质土。

**产品价值：**营养基质土有机质含量高、营养均衡，在生产有机食品、替代花卉营养土等高值利用方面应用前景较好，市场售价为每吨500～1000元。

# 结 语

　　畜禽粪污资源化利用是我国农业绿色低碳发展的重要内容，是农业面源污染防治的重要举措，是连结种植业和养殖业、实现种养循环的纽带，是加快推进农业农村减排固碳的重要抓手，可将畜禽粪污转化为清洁能源、有机肥料、高值产品等，促进农村经济发展、农民收入提高和生态环境保护。未来仍需要多方协同持续发力，推动实现经济、生态、社会效益共赢。